36　　　　　　最不可思　　　　前巨兽

最 不 可 思 议 的 史 前 巨 兽
ZUI BU KE SI YI DE SHI QIAN JU SHOU

360度全景探秘

最不可思议史前巨兽

主编 李阳

天津出版传媒集团

天津科学技术出版社

图书在版编目（CIP）数据

最不可思议的史前巨兽 / 李阳主编.—天津：天
津科学技术出版社，2012.4（2021.6重印）
（360度全景探秘）
ISBN 978-7-5308-6974-1

Ⅰ.①最… Ⅱ.①李… Ⅲ.①古动物学—普及读物
Ⅳ.①Q915-49

中国版本图书馆CIP数据核字（2012）第078877号

360度全景探秘——最不可思议的史前巨兽
360DU QUANJING TANMI —— ZUI BUKE SIYI DE SHIQIAN JUSHOU

责任编辑：王　璐
责任印制：刘　彤

出　　版：<u>天津出版传媒集团</u>
　　　　　天津科学技术出版社
地　　址：天津市西康路35号
邮　　编：300051
电　　话：（022）23332399
网　　址：www.tjkjcbs.com.cn
发　　行：新华书店经销
印　　刷：永清县晔盛亚胶印有限公司

开本 690×940　1/16　印张 10　字数 200 000
2021年6月第1版第5次印刷
定价：35.00元

目 录

一、不可思议的怪异行为

❀ 千年万载不死动物之谜 ▶▶▶

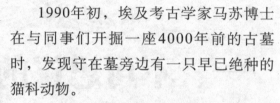

千年不死的猫之谜

　　1990年初，埃及考古学家马苏博士在与同事们开掘一座4000年前的古墓时，发现守在墓旁边有一只早已绝种的猫科动物。

　　这座4000年前的古埃及法老切路勃泽四世的坟墓，是在著名的帝王谷地下8米深处找到的。打开了墓穴石门，当马苏博士等人提着灯笼走进去时，见到一只活生生、两只黄绿色大眼睛滴溜溜转的猫，正盯着来人。墓穴里除了一具

◆ 猫

石头棺材和这只准备猛扑过来的大灰猫以外，什么都没有。这只大灰猫像一只小豹那么大。当考古学者们向前移动时，这只猫拱起背嘶嘶乱叫，令人毛骨悚然，接着它抖动浑身的灰尘向马苏博士猛扑过去，用尖牙猛咬住他的大腿。受惊的其他考古

队员，听到马苏的尖叫声后，立即上前打退了这只猫，但被激怒的猫旋即退到坟墓的角落，准备用它的尖牙再次阻止这些不速之客。但就在它欲发起第二次袭击之前，考古学者们用帆布将它捉起来送进实验室。

在古埃及的习俗中，猫科动物被视作活神，专门用来守卫神圣的寺院和坟墓。被捉的是一只雌猫，脸庞很瘦，轮廓明显，耳朵很长。但一进入实验室，该猫的健康状况急剧恶化，几小时后就死了。马苏博士计划对这只猫的尸体作进一步的研究。

万年不死青蛙之谜

　　1782年4月，巴黎近郊的采石工人从地下4.5米深处的石灰岩层中开采出一块巨大的石头。他们将石头劈开以后，意外地发现石头内藏有4只活的蟾蜍。这4只蟾蜍并非聚在一起，而是各有各的窝。窝比蟾蜍稍大一些，窝的表面还有一层松软的黄土。蟾蜍从石头内出来后，还能在地上活动。一位生物学家取了其中一只较肥大的做了标本。石灰岩层经科学家测定，证实其形成于100万年前。也就是说，这4只蟾蜍在岩石内已生存了100万年之久。

　　经过164年，即1946年7月，在墨西哥的石油矿床里，一位石油地质学家挖掘出了一只冬眠的青蛙。青蛙被埋在2米深的矿层内，挖掘出来时皮肤还是柔软的，且富有光泽，经过两天后才死去。经科学测定，证实这个矿床是在200万年前形成的。青蛙在矿床形成时被埋在矿层内。由此可见，该青蛙在矿层内已生存了200万年之久。

◆ 蟾蜍

◆ 青蛙

◆ 蟾蜍

◆ 青蛙

老鼠生存之谜

二战期间，美国选定西太平洋的安捷比岛试验核武器，岛上的树林、鸟兽和附近的鱼类不是被强烈辐射彻底消灭，就是受到严重伤害，几年后当科学家冒险登上安捷比岛时，在岛上除了老鼠以外，再也找不到任何正常的生物。

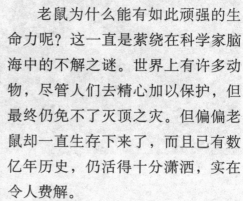

老鼠为什么能有如此顽强的生命力呢？这一直是萦绕在科学家脑海中的不解之谜。世界上有许多动物，尽管人们去精心加以保护，但最终仍免不了灭顶之灾。但偏偏老鼠却一直生存下来了，而且已有数亿年历史，仍活得十分潇洒，实在令人费解。

很多恐怖电影都以人类对异能老鼠的恐惧为题材，这种恐惧是合乎情理的，老鼠具有特殊的适应能力，生命力极强。早先人类制成杀鼠灵这种阻止老鼠血液凝固的毒药，使老鼠内出血不止而死。而许多老鼠的血液随之改变，老鼠吃了杀鼠灵血液仍可凝固，现在，这些老鼠还需要隔些日子吃些杀鼠灵，以免血液易于凝固。

老鼠十分狡猾，适应性强，能

穿过比汽水瓶盖子还小的洞，能沿几乎垂直的平面爬行，能在土里打洞，能溯激流逆游2千米远，在水中能踩水3天之久，既能一跃0.9米，也能从13米高处跳下。除此以外，老鼠还能杀死比自己大1倍多的猎物，

◆ 老鼠

◆ 老鼠洞

也可咬断通了电的电线……对于这一切，向来自诩十分强大的人类也无可奈何。

1348年，老鼠把鼠疫传到欧洲，它们躲在来往黑海沿岸各港口和热那亚的货船货舱中，身上的跳蚤带有细菌。在港口登陆后就将黑死病传染开来。黑死病传播范围之广、死亡人数之多，叫人不寒而栗。这场鼠疫肆虐欧洲3年，死者多达2500万人，占全欧洲人口的1/4。随后数十年间，患鼠疫死亡的人数增至1倍以上，老鼠可以说是改写了世界历史。

那么，究竟是一种什么样的魔力，使得小小的老鼠竟能在威力无比的核爆炸下得以逃走，并安然无恙呢？又究竟是什么本领，使得老鼠竟能化毒药为补品愈活愈有滋味呢？对于这一切，科学家们至今仍束手无策，依然未能找到令人满意的、完整而科学的答案。

14种变性动物之谜 》》》

藤壶

成熟的藤壶是雌雄同体生物——即每只藤壶身上同时生长着雌雄两性的生殖器官。藤壶喜欢群居，仿佛这样才感到安全，但是过分密集的群落又会使大量藤壶幼体夭折。有时藤壶采取这样的方式避免过分拥挤——它们密密麻麻地吸附在轮船的船身上，把这个危机转嫁给了人类。为了适应这种头尾颠倒的生活方式，藤壶的卵巢是长在头上的。

◆ 藤壶

大西洋扇贝

北美洲沿海生长着一种有趣的大西洋扇贝，雄性扇贝在水底漫游，直到最后找到了合适的配偶。这时，它就伏在雌性扇贝的背上。没过多久，雄性扇贝就会失去生殖器而完全变成雌性扇贝。以后，另

一只雄性扇贝又会伏到它的身上，再转化成雌性。这种交配过程形成一种塔状的扇贝链，下面一层层都是雌性，最顶上一层是雄性扇贝，这一结构会越筑越高。在水底四处游荡的全是雄性扇贝，而雌性扇贝则

◆ 扇贝

一天到晚一动不动地伏在水底。

"清洁鱼"

　　这种鱼之所以有这么一个有趣的名称，是因为它们孜孜不倦地为别的鱼清洁口腔和鳍。在这种鱼身上，大男子主义发展到了登峰造极的地步。一条雄鱼拥有"三妻四妾"，这些雌鱼都不准离开雄鱼的活动水域，它们也不会团结起来反对这位蛮不讲理的"丈夫"。有时，一条雄鱼后面跟着

◆ 清洁鱼

2~5条雌鱼，它们排成一长串，其先
后次序是严格按等级排列的。雄鱼
死后，地位最高的那条雌鱼就成为
这群鱼的首领，不出几天，它身上会
自动长出雄性生殖器而变成一条真
正的雄鱼，而剩下的雌鱼则成了它
的妻妾。

蚯蚓

蚯蚓是我们熟悉的蠕形动物，可
是它的生殖方式却是十分奇特的。蚯
蚓是成群结队交配的，它们先是直挺
挺地躺着，再用分泌出来的黏液使彼
此牢牢地粘在一起。这时，它们身上

◆ 蚯蚓卵

◆ 蚯蚓交配

的第15节就产卵，而第9和第10两节则吸收这些卵并使它们受精，这些卵储藏在蚯蚓的脊部，2~3周后孵化出

◆ 蚧虫

来。蚯蚓的这种"交配"
过程一般持续数小时。

"棉垫蚧虫"

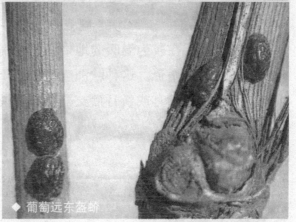

◆ 葡萄远东蚧蚧

这种蚧虫因身上长
着棉垫状鳞片而得名，
它们一直危害着加利福
尼亚的果园。后来人们引进了它的天
敌——澳大利亚瓢虫，才有效地控制
了它们。这种昆虫不存在交配问题，因
为它们是自体交配的，这种交配方式
即便是在雌雄同体的动物中也是不寻
常的。对于这种昆虫，我们很难称它
是雄性或雌性，因为它既是雄性的，
同时又是雌性的。

欧洲扁蛎

　　这种软软的小生物是最典型的两性动物，它们轮流担任两性角色：先是雄性，然后是雌性。它们之所以能这样做，是因为体内长着雌雄两种生殖器官，这种雄雌交替的过程称之为"节奏性连续雌雄同体"。生活在英国周围的扁蛎，它们年复一年地轮流担任两性角色。然而，生活在较为温暖的地中海中的扁蛎，却能在同一季节里同时承担雌雄两种角色。这种欧洲扁蛎长着十分坚硬的外壳，不易受到攻击。它们只在满月或新月后交配，与其说是由于春潮还不如说是春天困倦感的缘故。

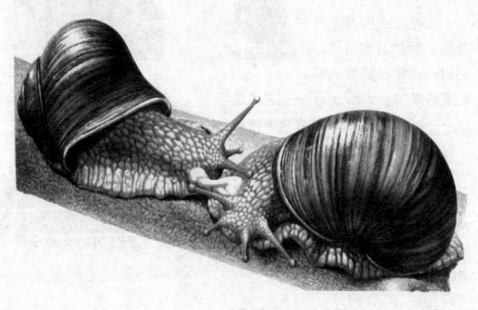

陆地蜗牛

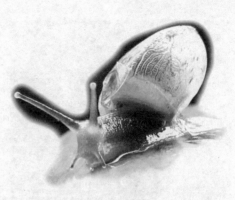

这种常见动物也是雌雄同体生物，其交配过程充满着激情与独特的浪漫情调。冬天时，蜗牛在地下打洞，并使自己钻入坚硬的壳内。春天来临时，它养足了精神，渴望伴侣。蜗牛的雄性生殖器官中包括一只装满"爱情之箭"的小囊——它可以随时发射这种细细的骨质导弹。当两只情意绵绵的蜗牛拥抱在一起时，它们就将箭射入对方体内，以完成互相交换精子的过程。

◆ 蛾优

肝蛭

肝蛭这种寄生虫也是雌雄同体生物，它们的卵孵化成幼虫后，这种幼虫可以不经交配再产卵。这样，一粒肝蛭卵最后可以成为千万条肝蛭。肝蛭主要寄生在家畜身上，如牛和羊。当牛、羊饮用了受污染的水后，它们就来到这些家畜的体内，准确地朝肝部前进，最后舒舒服服地在那里定居下来。

寄生蜂

◆ 寄生蜂

小小的寄生蜂通常是"雌雄嵌体"的，也就是说，它们体内雌雄两种染色体杂乱地混合在一起。它们的行为毫无疑问地表明，它们最重要的性器官

是"头脑"。比如说，一只正常的雄寄生蜂和雌寄生蜂交配后，雌蜂就会在蛾的幼体上蜇一下，把卵产在它的体内。不过，有些寄生蜂却长着雄性的头脑和雌性的身体——这就是"雌雄嵌体"，这时它的交配行为就会发生紊乱，它会蜇雌蜂并企图与蛾的幼体交配。它

◆ 海鲈

甚至还会围着雌蜂胡闹，却不与它交配；或者刚开始交配就突然停顿，仿佛记起了什么重要约会似的。

海鲈

　　海鲈是一种滋味十分鲜美的鱼，它也经历着完全变性过程——从成熟的雌性变为成熟的雄性。这一变性过程通常是在海鲈5岁时进行的。海鲈有一种亚种，叫做"带状沙鱼"，它们盛产于佛罗里达水域，这种鱼能够自体受精。

海兔

　　海兔实际上是海里的一种蜗牛。由于它们无法和配偶

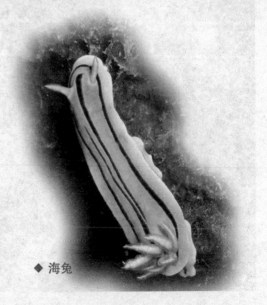

◆ 海兔

交换精子——虽然它们是雌雄同体生物——所以它们被迫进行群体交配。通常一只海兔身上趴着另一只海兔，后者身上又趴着另一只。有时，整整一打海兔在玩这种叠罗汉把戏。有些观察者说，这种叠罗汉形式还会演变成环形。海兔最大可长到76厘米，它们主要生活在赤道和温带的沿海地带。

◆ 海鞘

海鞘

海鞘的个头大小不一，小的不足1毫米，大的超过30厘米，它们小时候很像蝌蚪，长大了却像一株植物，海鞘也是一种雌雄同体生物，

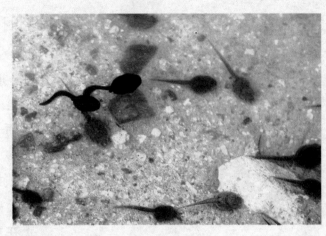

◆ 蝌蚪

不过与其他该类生物不同，它可以通过普通的精子与卵子的结合而繁殖后代，但它也可通过"发芽"的方式来复制自己。不过，通过"发芽"而长出的第二代海鞘必须经过交配才能产生下一代，而这一代的海鞘又会"发芽"进行自我复制。海鞘的"芽"同马铃薯的芽差不多，它们这种隔代无性繁殖的方式，使海鞘能够遍布全世界，却同时又使自己保持在很低的进化水平上。

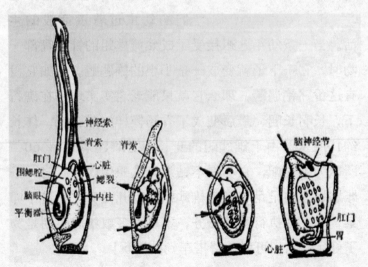

神经索
脊索
脊索
脑神经节
肛门
心脏
围鳃腔
鳃裂
脑眼
内柱
平衡器
肛门
胃
心脏

◆ 海鞘的结构

船蛆

船蛆实际上不是蛆，而是一种双壳贝类，就像牡蛎一样，它产卵的数量很多——大约每年500万颗，接着它就改变了自己的性别。它利用坚硬的外壳在木头上打洞，一边挖一边吃木头。在木船和木制码头的年代里，船蛆是一种危害极大的生物。

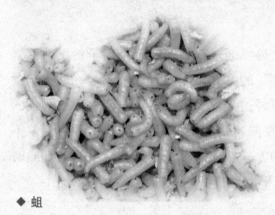

◆ 蛆

匙蛆

匙蛆生活在海里，它们的幼虫过着童话般的生活。当一条幼年匙蛆接受了成熟雌匙蛆的针状嘴部一吻时，它一下子就变成一条小小的雄匙蛆。假如它没有这番"艳遇"，那么它就只能老老实实地呆在礁石下，长啊长啊，最后变成了香肠模样的雌匙蛆，体长约10厘米。由于雄匙蛆的身长不足雌匙蛆的1／60，所以为了交配，它不得不钻入雌匙蛆体内。有时一条雌匙蛆体内足足有85条雄匙蛆。有几条真正钻进了卵巢，忠实地执行受精任务，不过大多数雄匙蛆则是为了好玩，它们可以免费搭车到处游玩！

眼睛能喷血的动物——角蜥之谜 ▶▶▶

　　角蜥的身体很像蟾蜍，所以也叫角蟾，但它实际是一种蜥蜴，与鬣蜥的亲缘关系较为接近。它的体长为7.5～12.5厘米，因为它浑身被甲，长满了刺状的鳞片，在头部的背面两眼上方还有8个放射状排列的尖刺，体表有粗糙的鳞刺，所以得名角蜥。它的体形扁平，躯干呈椭圆形；头部较短而端圆，宽度和高度几乎相等；颈部粗短；四肢也较短；尾巴不算太长，柄宽而端尖，不像其他蜥蜴那样容易脱落以逃避敌害。头部为红褐色，下部为黄色，

◆角蜥

◆ 角蜥

略缀褐色的斑点。身体的背面为暗沙色或皮黄色，喉部的两侧各有一个与背部斑点同色的大斑点，刺的颜色均为褐色。虽然它的长相十分凶恶，全身的短刺也仿佛很锐利，但其实这些都是它的一种伪装，主要用于防御，并没有攻击作用。

角蜥仅分布于美国西南部加利福尼亚州、得克萨斯州和墨西哥的沙漠中，主要栖息在平原干燥沙地上。它的身体可以向前爬行，体刺能够如同锄头一样挖掘沙土，堆垒在背部，然后潜入沙中，仅露出头部休息，或伺机捕食昆虫。它的鼻孔内有膜，可以防止沙土灌入鼻腔。它是一种变温动物，白天阳光灼热的时候，需要在沙土下躲避曝晒，夜间天气较凉，它也要藏身于沙地中保持体温。只有在温度适宜的时候才出来活动、觅食。

角蜥还因为拥有三件防御敌害的法宝，所以能够在沙漠地区自如地生活。它的第一件法宝是具有很好的保护色，还具有"拟态"的本领。拟态

就是动物利用形态、斑纹、颜色等跟另外一种
动物、植物或周围自然界的物体相似，借以保
护自身，免受侵害。由于角蜥的体色与沙漠环
境的色调一模一样，身体上的棘刺看上去也很
像植物的枯刺，使那些凶猛的大型爬行动物、
鸟类和哺乳动物很难发现，因而遭到敌害袭击
的机会就大大地减少了。如果敌害来临，它就
立即左右晃动身体，迅速地钻进沙土，开始是
斜着头部向下钻，然后摇动着尾巴，使全身都
钻进去。不久，它又会将头部露出来，察看一
下外面的动静。如果敌害已经走远，就再从沙
土中爬出来。这种本领不仅可以帮助它对付敌
害，还能够迷惑猎物，使它们只要呆在一处不
动，就可以坐等食物上门，将那些丧失警惕的
猎物大口吞食。

角蜥的食物主要
是蚂蚁及其他昆虫。
它很少饮水，并且很
耐干渴，主要在食物
中获取水分，或饮露
水等。它头部后方的
刺粗大锐利，身体和
尾巴上也布满了刺，
这些刺不仅能够自
卫，还有一种奇妙的
功用：如果它往水里浸
一下，水就会进入小

◆ 角蜥

刺之间的凹陷处，再从那里的缝隙进入皮肤上的小孔，然后流向头部。在它的嘴角旁有收集水分的小囊，水就储藏在那里。如果遇到天旱缺水，它只要轻轻地动一下颌部，水滴就会从小囊里冒出来。

角蜥的第二件法宝是全身长有许多鳞片，这些又尖又硬的鳞片，每个都像一把锋利的匕首，是它重要的防御武器。当凶猛的响尾蛇向角蜥冲过来，咬住它的头部，企图一口将其吞下肚的时候，却常常被角蜥脖子上的匕首状鳞片牢牢地刺穿了喉部。此刻，响尾蛇就会感到一阵极度疼痛，但这时想要吐出嘴里的角蜥又不可能了，因为鳞片刺

穿的方向与它想要吐出的方向正好相反。最后，这条响尾蛇只能由于流血过多而死去。

角蜥第三个自卫的法宝非常奇特，常常要到十分危急、关系到生死存亡的时候才会施展出来。因为一些猛兽十分狡猾，它们似乎知道角蜥身上的匕首状鳞片的厉害，常常先不用嘴巴咬，而是企图用脚爪撕裂它，把它弄死后再吃掉。遇到这种情况，角蜥就开始大量吸气，使自己的身躯迅速膨大，然后眼角边的窦破裂，突然从眼睛里喷出一

股殷红的鲜血来，射程为1～2米，敌害则肯定会被这迎面喷来的鲜血吓得惊慌失措，角蜥就可以趁机逃之夭夭了。

角蜥的这第三个自卫方式的发现颇费周折，因为它平时是很少使用这个方法来避敌的。角蜥看上去性情比

最不可思议的史前巨兽
ZUIBUKESIYIDESHIQIANJUSHOU

较温顺，所以在产地常有人进行人工驯养，成为当地人喜爱的一种宠物。然而，有人却传说他们曾见过这种动物会从眼睛里喷射出长长的血

流，并且说如果人被这种"神怪武器"击中，就会死亡。但大多数人都认为这不过是天方夜谭的迷信说法。

为了证实关于角蜥眼睛能喷血的说法，很多科学家都开始对它进行实验。一些科学家认为角蜥的确可以从眼中喷射出一股鲜红色的液体，很像血液，其目的显然意味着防御，但能

◆ 角蜥

够"喷血"的角蜥仅占实
验数量的百分之五。就是
说，只有极少数的角蜥才
有这个本领。也有的科学
家对角蜥的此种行为以及
这种行为与性别、季节、
温度或其他因素的相关关
系进行了研究，但并没有
取得进一步的结果。

最近，美国科学家发
现，他们驯养的一只黄色
猎犬经常能使角蜥的眼睛
喷血，而且仅对这只猎犬
的恐吓做出这种反应，无
论是白天还是夜晚，也无
论天气冷热。而人对角蜥
进行各种恐吓实验均不能
使其喷血。因此，他们认
为角蜥"喷血"的行为可
以称为是一种特殊的"抗
犬防御"，并且计划进一
步以狐狸、狼等角蜥在自
然界中的各种天敌进行
试验。

后来，又有一些生
理学家对角蜥的喷血现
象进行了实验。经过一

◆ 眼睛会喷血的角蜥

番认真细致的研究，已经查明：角蜥喷出的的确是鲜血。它在喷血之前，有一束闭孔肌会压迫主血管，使脑血管的血压升高。这个压力对那些眼膜里的娇嫩血管来说非常之高，足以导致血管破裂，使鲜血喷出。当然，如果对人类来说，这种现象就太可怕了，因为血管破裂就将意味着脑溢血，会有生命危险。但角蜥头部血管中的局部高血压，不仅不会对它的生命构成威胁，反而可以用这种"危险的游戏"来吓跑敌害，从而拯救自己的生命。

海洋巨兽"歌唱家"——座头鲸之谜

座头鲸的习性

座头鲸虽然不是世界上最大的鲸类，但也是海洋中当之无愧的庞然大物，体型肥大而臃肿，体长达11.5～19米，体重为40吨～50吨。它的头相对较小，扁而平，吻宽，嘴大，嘴边有20～30个肿瘤状的突起，有趣的是每个突起的上面都长出一根毛，而身体的其他部位却全都没有毛。鲸须短而宽，每侧都在200条以上。背鳍较低，短而小，背部不像其他鲸类那样平直，而是向上弓起，形成一条优美的曲线，故得名"座头鲸"，也叫"弓背鲸"或者"驼背鲸"。胸鳍极为窄薄而狭长，为5.5米左右，几乎达到体长的

三分之一。鳍肢上有4趾，其后缘有波浪状的缺刻，呈鸟翼状，所以又被称为"长鳍鲸"、"巨臂鲸""大翼鲸"等。下颌至腹部有20条左右很宽的平行纵沟或棱纹，腹部具褶沟。

通常身体的背面和胸鳍呈黑色，腹面呈白色，但也有的背面和胸鳍也呈白色。雌兽体后的下侧长有一条细长的裂口，终止在肛门附近，据说在繁殖的时候，雌兽就是用它包裹住雄兽的生殖器，来完成交配动作的。

座头鲸分布于太平洋、大西洋及世界其他各海洋中，在中国见于渤海、黄海、东海、南海和台湾海域一带。它一般在寒带和热带之间的一定海域中回游，并有固

定的回游路线，例如在美国夏威夷群岛附近，每年从11月开始，都有大约400只汇集于温暖的水域里越冬，从翌年3月下旬开始离开向北迁徙，当再次接近陆地时，已经是在几千公里以外的北太平洋了，其中有一些可以到达白令海峡，另一些则到达阿拉斯加东南分散的小岛附近海域。

座头鲸是有社会性的一种动物，性情十分温顺可亲，成体之间也常以相互触摸来表达感情，但在与敌害格斗时，则用特长的鳍状肢，

或者强有力的尾巴猛击对方，甚至用头部去顶撞，结果常造成皮肉破裂，鲜血直流。它游泳的速度很慢，每小时为8～15千米，在海面缓缓游动时，就像一座冰山一样，身体的大部分沉在水下，有时又像是一个自由飘浮的小岛，人们在海岸上也能看到它露出海面的身体。座头鲸游泳、

嬉水的本领十分高超，有时先在水下快速游上一段路程，然后突然破水而出，缓慢地垂直上升，直到鳍状肢到达水面时，身体便开始向后徐徐地弯曲，好像杂技演员的后滚翻动作。它可以钻入水中快速潜水游动，仅用几秒钟就消失在波浪之下，进入了昏暗的深渊。露出水面呼吸时，从鼻孔里会喷出一股短粗而灼热的一种油和水蒸气混合的气体，把周围的海水也一起卷出海面，形成一股颇为壮观的水柱，同时发出洪亮的类似蒸汽机发出的声音，被称之为"喷潮"或"雾柱"。有时它还兴奋得全身跃出水面，高度可达6米，落水时溅起的水花声在几千米外都能听到，动作从容不迫、优美动人。在它的皮肤上不仅常附着藤壶和茗荷等蔓足类动物，而且携带着许多诸如鲫鱼一类有吸盘

的动物，加起来足有半吨重之
多，然而这似乎丝毫也不影响
它的行动和情绪。

座头鲸的食物

不可想象的是，这种庞然
大物竟然是以鳞虾这种体长还
不到1厘米的小型甲壳动物为
主要食物的，此外还有鳞鱼、
毛鳞鱼、玉筋鱼和其他小型鱼
类等。它的嘴张开时，其特殊
的弹性韧带能够使下颌暂时
脱落，形成超过90度的角度，
口的横径可达到4.5米，可以

◆ 鳞虾

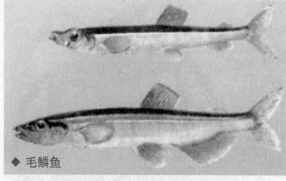

◆ 毛鳞鱼

◆ 玉筋鱼

一口吞下大量的磷虾或较小的鱼类，但其食道的直径则显得太小，不能吞下较大的食物，这可能就是它只能吃小动物的原因之一。由于越冬期间好几个月都不进食，为了维持那硕大无比的身躯所需要的体能，在夏季里便要吃大量的食物，常常可以连续吃上18个小时。由于日照充足，北方冰川地带的海湾里浮游生物大量滋生，养育了以浮游动物为食的鳞虾，数量巨大，常常数百万只群集在一起，因此，为座头鲸提供了极为丰盛的食物来源。

座头鲸进食的方法也很奇妙，首先是冲刺式进食法，将下颌张得很大，侧着或仰着身子朝虾群冲过去，然后把嘴闭上，下颌下边的折

皱张开，吞进大量的水
和虾，最后将水排除出
去，把虾吞食；第二种
方法叫轰赶式进食法，
将尾巴向前弹，把虾赶
向张开的大嘴，这种方
法也是只有当虾特别密
集时才适用；第三种方
法是从大约15米深处作

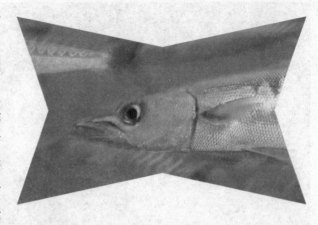

螺旋形姿势向上游动，并吐出许多大小不等的气泡，使最后吐出的气
泡与第一个吐出的气泡同时上升到水面，形成了一种圆柱形或管形的
气泡网，像一只巨大的海中蜘蛛编结成的蜘网一样，把猎物紧紧地包
围起来，并逼向网的中心，它便在气泡圈内几乎直立地张开大嘴，吞
下网集的猎物。这种捕食方法，同捕鱼者用两只渔船拉拽大型渔网，

◆鳞鱼

逐渐迫使鱼虾接近水面，然后一网打尽的情景一样。当猎物数量稀少时，座头鲸常常单独或仅有2～3只在一起觅食，而当猎物数量很多时，便形成8只左右的较大群体，有时不同群体之间还会互相争食。因

此，有时食物的多少、分布和种类，也会直接影响座头鲸的数量。

幸福之家

座头鲸的配偶方式为一夫一妻制，雌兽每2年生育1次，怀孕期约为10个月，每胎产1仔。当雌兽带着幼仔时，往往另有1只雄兽紧跟其后，它的任务是对入侵的其他鲸或小船进行拦截，不过要是遇上凶恶而狡猾的虎鲸时，它就无能为力了。像其他哺乳动物

一样，雌兽用乳汁喂养幼仔，乳汁由乳头
自动挤出，幼仔在水中吸食。幼仔发育很
快，每天体重可以增长40～50千克，更令
人叹服的是雌兽在哺乳期间为幼仔的成长
提供一切营养，而它自己却很长时间不吃
东西，直到几个月以后才开始寻找食物。
雌兽与幼仔之间也常常是温情脉脉的，幼
仔用两鳍触摸着雌兽，有时好像是抓在雌

兽的身上。座头鲸的寿命为60~70年。

"海妖之歌"

人们在茫茫的海洋世界里航行时，往往可以听到一种神秘莫测的美妙歌声，这种歌声在古希腊史诗《奥德赛》中被渲染为迷人的"海妖之歌"。后来人们才发现，原来这个海洋中的神秘"歌手"就是座头鲸。它的歌声非常响亮，有时在80公里以外都可以听得到那沉重的低音符。歌声由"象鼾""悲叹""呻吟""颤抖""长吼""唧唧喳喳"等18种不同的声音组成，节奏分明，抑扬顿挫，交替反复，很有规律。彼此连接成优美的旋律，每首歌持续的时间一

般可达6～30分钟。令
人吃惊的是，它的歌唱
不是使用声带，而是通
过体内空气的流动来发
出声音，就好像憋着气
唱一段歌剧选曲一样。
其实，唱歌是为了吸引
雄兽从几十公里以外赶
来，彼此结成伴侣，繁
衍后代。繁殖季节一
过，就可能一连几个月也不唱。

　　座头鲸的歌唱天赋，不得不令人佩
服，它为什么能发出别的同类不可以发出
的声音，而且又那样丰富多彩，也是一件
无比神奇和值得研究的课题。

毒蛇拜祭之谜 ▶▶▶

　　人会拜祭，难道毒蛇也会吗？世界
之大，无奇不有，这件事不是人们凭空
编造出来的，事情就发生在希腊的西法
罗尼岛上。

　　每年的8月6日～15日，都会有数以
千计的毒蛇从悬崖峭壁和山林洞穴里爬
出来，直奔这个小岛上的两座教堂，盘
结在教堂的圣像下面。它们在这里呆上
十多天后，才全部慢慢地离去，就好像

有谁在指挥着它们似的。这是一种剧毒蛇，只要被它咬一下，就很难活命，但它们却能跟岛上的居民和睦相处，十分温顺。岛上的居民认为，这种毒蛇具有驱邪治病的神力，只要触摸它一下，或者把它缠绕在身上，就可保佑你岁岁平安。

令人迷惑不解的是，毒蛇朝圣的日子，竟然都是希腊的重要节日：8月6日——希腊人纪念上帝的日子；8月15日——纪念圣女的日子。更让人感到奇怪的是，每一条蛇的头上，都有一个跟十字架极为相似的标记。据记载，这种毒蛇朝圣的现象，已经持续120多年了。

这到底是怎么回事呢？岛上的人对此做何解释呢？在岛上，一直流传着一个悲惨而又动人的故事。

在很久很久以前，西法罗尼岛是一个美丽富

饶的地方，人们安居乐业，过着无忧无虑的日子。可是有一天，灾难降临了，一伙强盗登上了这个岛，烧杀抢掠，还不怀好意地将24名年轻貌美的修女关押起来。圣母知道这一情况后，为了使手无寸铁的修女免遭强暴，就把她们都变成了毒蛇。强盗眼看着美女变成了毒蛇，吓得一哄而散。毒蛇也再没有变回人。它们为了报答圣母的搭救，每到8月6日～15日，就到这里来朝圣。

传说归传说，这种现象用科学的方法该如何解释呢？难道教堂里有什么吸引蛇的气味吗？即使是有气味的话，怎么偏在这几天散发出来呢？除此之外，还有什么别的解释吗？这一切，还没有谁能做出一个令人满意的回答。

　　不管怎么样，这些朝圣的毒蛇使西法罗尼岛成了一个神秘之岛，每年都引得无数游客到这里来参观。

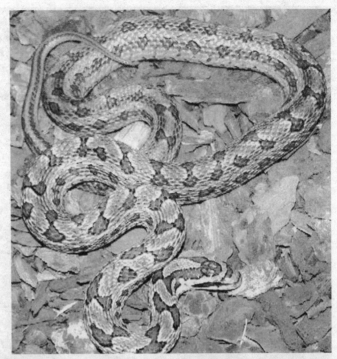

❀ 动物"杀过"之谜 ▶▶▶

孔夫子曾说过"过犹不及"。人类是讲中庸之道的，对做任何事情，都讲究适可而止。可在动物界里，有许多动物却不遵守这一规则，经常做出过分的行为，这里说的"杀过"行为，就是其中的一例。

所谓"杀过"，是

◆ 赤狐

◆ 金钱豹

◆ 赤狐

指一些食肉动物一次杀死远远超出自己食量的猎物的行为。这种行为，在动物界里是普遍存在的，并不是偶然现象。比如，一只金钱豹能够一次杀死17只山羊，它杀死这么多的山羊，并不是为了吃，而是把尸体整齐地排列起来，然后扬长而去。狮子、北极熊、狼等猛兽，都有这种过分举动，几只狼可以杀死上百只驯鹿，北极熊可以一口气杀死20多头独角鲸。

一些小型动物的"杀过"行为一点也不亚于大型动物。赤狐的"杀过"行为更厉害。荷兰的一位动物行为学家曾亲眼见过一只赤狐杀小鸡的情景。夜幕降临了，鸡都回到了自己的"家"开始休息了。这时，一只贼头贼脑的赤狐出现了，它左顾右盼，寻找着猎物。目标终于出现了，一个关得不十分严实的鸡舍就在它的面前。它毫不犹豫，一头钻了进去，大约10分钟，就把鸡舍里的鸡全部杀死。赤狐还经常在暴风雨之夜，偷偷闯进黑头鸥的巢穴，把那里的10多只黑头鸥一个个杀死。然后一走了之，一只也不带。

猫头鹰捕捉起田鼠来，也常常表现出极强的"杀过"意识。有些猫头鹰即使在吃饱的情况下，遇上田鼠也绝不放过，穷追不舍，直至杀死为止。

◆ 田鼠

让人困惑不解的是，这些动物为什么要这样做。科学家们从各种角度提出了自己的看法。

这种"杀过"行为，是由动物固有的凶残本性决定的。有些动物天生就具有进攻本能，遇到对手绝不放过。

有人从另外的角度来分析动物的"杀过"行为。他们认为，这些动物的过激行为，是对被害动物反抗挣扎的回报。即使是一些比较凶残的食肉动物，它们的"杀过"行为也是偶然的，并不是每次都杀过。

之所以会有"杀过"举

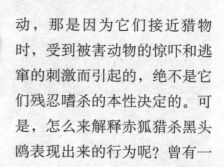

◆ 猫头鹰

动，那是因为它们接近猎物时，受到被害动物的惊吓和逃窜的刺激而引起的，绝不是它们残忍嗜杀的本性决定的。可是，怎么来解释赤狐猎杀黑头鸥表现出来的行为呢？曾有一

位动物学家对黑头鸥的栖息地进行了考察，发现它们在夜间，尤其是在有暴风雨的夜晚，一直蹲在那里一动不动，但赤狐也没有放过它们。

因此，又有人指出，对于动物"杀过"行为产生的原因不能一概而论，要作具体分析，也许有的出于本性，而有的是因为受了刺激，也可能两种原因兼而有之。

◆ 黑头鸥

二、史前巨兽之谜

❀ 长毛象之谜 ▶▶▶

◆ 长毛象

◆ 长毛象化石

发现巨象

在西伯利亚东部的布列佐夫卡河岸上，两个猎人发现了一个庞然大物，形状十分怪异，身上长着长毛，一对长长的牙齿肆无忌惮地伸出嘴外。这显然是一只形状怪异的大象。

俄国科学家受科学院之托从圣彼得堡启程到西伯利亚，设法把那只称为"长毛象"的庞然大物运回科学院。

这三位科学家用了一个半月的时间切割了庞大的骨架。他们把它分成若干块装进袋子里，在冰雪中进行速冻处理，然后声势浩大地用10辆雪橇装运回圣彼得堡。这头巨象的肉、骨头、内脏共有1吨重。

这是现代人亲眼目睹的第一只长毛象。

长毛象是生活在30万年前～1万年前的一种大型动物，大约在3700年前才灭绝。一般身高为2.5～3.5米，重约6吨，适合极度寒冷的气候。它的背部的毛最长可达50厘米。长毛象的头顶部分还有高耸的大驼峰，可以储存大量的脂肪，这些都是对生活在寒冷、食物较少的地区的适应。

长毛象一般由有血缘关系的成熟雌象与所生的小象组成象群，构成母系社会，象群由数头至数十头组成，最年长的雌象任象群领袖。雌象通常一胎产一仔。

美国的古生物学家拉里·阿金布罗德，在一次考古工作中，他们本来的目的是要发现史前人类捕猎巨兽的证据，但他忽然意识到，使

Z最不可思议的史前巨兽
ZUIBUKESIYIDESHIQIANJUSHOU

他更感兴趣的是"猎物"而不是"猎人"。一次偶然的机会，他被邀请参加一个刚刚组建起来的国际考古队，它的宗旨就是在西伯利亚冻土带挖掘远古时期的长毛象。从那以后，他的考古方向改变了，他要揭示长毛象这一远古动物之谜。

这个尸体在这种极其特殊的条件下被完全地保存了下来。科学家们还要利用它进行一系列尖端科学实验。

关于古长毛象的鲜肉是

◆长毛象

怎样保存下来，一直是个谜。有关它的死因更是见仁见智。有人说，这古长毛象是在觅食时失足坠下冰川而死，最后被天然冰箱冻藏起来，所以能历经万年而保持新鲜。

但是人们发现古长毛象生活的地区并没有冰层或冰川，只有冻土苔原地带，而且，西伯利亚在一万年或者更久以前并没有冰川。

食物冷冻专家则说，像西伯利亚这样的气候，绝不可能速冻古象。在一般情况下，要速冷400千克左右的肉，需要零下45摄氏度以下的温度，而要速冻体积达23吨并有厚毛皮保暖的活生生的长毛象，估

◆ 西伯利亚风光

计需要摄氏零下100度以下的低温，而我们居住的地球，从未有过这样的低温！更何况，这头被发现于毕莱苏伏加河畔的长毛象，毛发里还藏有在温暖湿润的环境下生长的金凤花，在阳光下悠闲地啃着金凤花的长毛象，突然被当场冻死，这是现代科学无法解释的。

这头古长毛象的肉为何万年新鲜不变，是不是将要成为一个永远的谜了呢？

✿ 神秘巨猫之谜 ▶▶▶

◆ 猫

英国的荒野中不断出现一种神秘的动物——巨猫。最典型的是一只大黑猫，也许有纽芬兰猭猁那么大，是在中等距离内看见的。如果这种动物发现有人在看着它，就会立刻跑掉。

这个神秘事件最令人困惑的一点是，它好像是相对而言很现代的一个现象。最早也只是在1962年才有这类事件的报告。当时，第一次最有影响的异形巨猫就是萨雷狮。

比较起博德明、德汉姆和艾克斯莫尔来说，萨雷、汉普郡

　　和萨塞克斯的边境地区，似乎不太可能成为一大群大型野生猫的家园。这是因为伦敦是一个经常有人往来的地带，从伦敦还很容易就能到达那些地方。在这几个地方人口也很稠密，有很多田野和森林，并且经常有农夫出没此地，还有周末远足的人到这里来。可是，就在这些人口稠密的地区，竟然会有数百例巨猫目击记录，还有很多照片、遗留物、一些死动物和一些踪迹石膏模型作证，其中一些还被人明确地标明为美洲狮留下来的。

　　1962年夏天之前，萨雷狮又在哪里呢？它的出现绝对不是一个单纯的现象。在澳大利亚，也有类似但更古老的一些巨型猫的传说，自1880年以来就一直不间

断地出现此类目击记录。还有更多的报告——老虎和狮子，出现在20世纪30年代，新南威尔士艾姆威尔的农夫们报告说，1956—1957年之间，有340多只牛羊被一只"豹"咬死了。

研究者认为，由于1960年以前没有令人满意的数量的报告出现，而自1980年以来所发现的死体的数量和在英国发生的目击记录的数量增长太快，因此，对这个神秘问题的解决关键在于要把抓到的动物放回自然，特别是1976年的危险动物法案实施以后。该法案让一些热心此事者很难将大批陌生的动物保留在家中，因此，有可能有意促使一些现在又

开始制造麻烦的巨猫到英国乡间去。

◆ 美洲狮

这种假设有很多值得赞许的地方，特别是当人们意识到，一只大型猫科动物要消费掉多少肉类的时候。像狮子那样大小的动物，每周必须吃掉相当于5只成年鹿那么多的肉才能存活。尽管有时候看起来，神秘之猫每年靠吃掉数千只羊来慢慢存活，可是，很少有证据证明，真的就有那么多动物被吃掉了。而这个数量又是大群未知猎食者存活所必需的。一份英

◆ 豹

◆ 猞猁

国政府的报告讲到大型猫科动物在康沃尔——那是传说中的博德明兽的家园——中心地带的证据时总结说："没有可检验的证据表明有'大型猫科动物'出现。在近6个月的时间里，只有4例受怀疑的家畜被咬死的报告，其中没有任何一个报告指明有除家畜和狗以外的任何动物牵扯在内。"

巨猫到底是怎样的来历，它的生活习性又是怎样的，仍然是一个没有揭开的谜团。

❀ 巨蛇之谜 ▶▶▶

据说，在南美的热带雨林隐藏着巨大的同样引人兴趣的未知动物。神秘动物学家们收集到各自独立的一些叙述，讲的都是一种大型水獭一样的动物——3.6米长的南美犰狳和未知的猿类物种。不过，最让人心动的，却是一种比上述任何一种都更大，也更危险的动物。

著名的英国探险家帕西·富塞特在1907年就做了这么一次观察，当时，他在马托哥罗索的边境地区进行探险活动。他的独木船顺着亚马逊丛林深处的里奥阿班纳河漂流。

"这时候，几乎就在船底下，出现一个三角形的头，还有数英尺波动前进的身体。那是一条巨型森蚺。因为那动物开始往岸上游了，我就跳起来拿步枪，没怎么瞄准就将点44口径的软头

◆ 亚马逊丛林

子弹朝它的脊椎打出去，结果打中了离它那摆来摆去的头3米远的脊椎，此刻，一阵大浪汹涌，船底受到撞击，剧烈震荡起来，就好像船已经开到某种障碍物上一样。

我踏上岸，小心地接近那条巨蛇。蛇已经不再向前爬行，可是，身体还在动，就好像一阵阵风在湖面上刮过一样。经测量，总身长18.9米。对于如此硕大的长身动物来说，其身体倒不粗，直径不到30

厘米粗，可是，它有可能很久没有吃到东西了。我想去割下一块皮，它的身体突然间地隆起使我吓了一大跳。一阵极浓烈的气味从它身上冒出来，也可能是它的呼吸，有人相信，那种气体具有麻醉效果，先是吸引猎物的注意，然后使猎物瘫痪。有关这条蛇的一切都是令人不快的。"

富塞特的报告如此不同寻常，当时竟引起人们的批评，可是，他消失了，在1925年的一次探险活动中神秘而且永久性地消失了，现在就无法再去证明什么东西

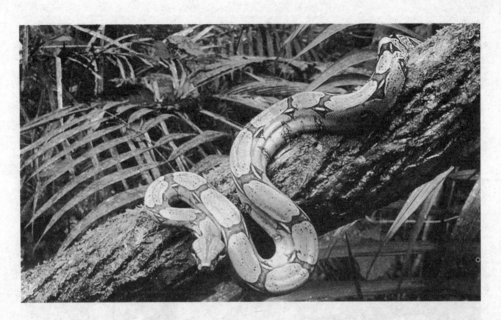

了。1947年，一位法国人塞尔日·波纳卡斯支持他的报告，那年，他参加了一支探险队，探索中阿拉爪亚河，并与沙万特印第安人建立了联系。波纳卡斯的探险队横穿两条支流，在里奥曼索和里奥克里斯达利带河之间的沼泽地，发现了一条在草丛中睡着的森蚺。成排步枪一齐开火，打死了那只怪兽，用绳子测量后发现，它身长为21~22.5米。不幸的是，当时没有人意识到他们所杀死的东西的意义，也没有人想到要保存它的一小块骨头或者一小片肉，更没有人去拍它的照片。

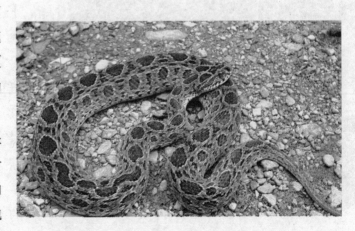

来自亚马逊湿热内陆的这些纷乱的报告，的确向人们表明，地

球上每个未曾探明的荒野都有可能藏着极其丰富的动物学宝藏。比如澳大利亚的内地，就曾有过一些报告，不仅仅有袋狸，而且还有未知的袋类虎猫，3.6米长的巨型袋鼠，巨型史前袋熊，身体跟河马差不多大，甚至还有怪兽样的巨蜥，长可达9米。而且，毫无疑问，在人迹罕至的林区，还有大量空间可以让这样的一些动物生存，有很多食物供给它们，在很多情况下还没有任何捕猎活动危及它们的生存。

的确，尽管神秘动物

◆ 袋狼

学家们很少承认，不过，真正的问题在于，不是说神秘动物能不能够存在的问题，而是要解释为什么看起来还有那么多神秘动物，是不是有很好的历史记录证明它们的存在，它们为什么还能够被人所看见、听到，而且一年接一年还有人拍到它们的照片，而又没有任何实在的、无可争辩的证据来证明它们的存在。

◆ 巨蜥的头骨

✿ 破解水底巨兽之谜 ▶▶▶

◆ 鱼龙

◆ 蛇颈龙

玻西葛木克湖中发现了不明巨兽，在加拿大已家喻户晓。尽管现在有人公开承认当年是他们伪造了尼斯湖怪兽那张经典照片，但早在苏格兰民间传说中就有这样的警戒：尼斯湖中的"邪灵"，能诱使粗心的旅人葬身湖底。有关大洋大湖深底生活着巨兽的记载甚至可以追溯到200年前，19世纪，太平洋上就曾打捞到触手达21米的乌贼。

英国布里斯托大学古生物学家班顿长期钻研水底史前巨兽。1.5亿年前的侏罗纪时代，横行海上的主要是三种重量级巨兽。

第一种是鱼龙，它泳技高超，以各种鱼类为食；第二种是鱼龙，这种蜥蜴长达12米，有特殊的颚骨，可与任何动物搏斗；第三种是庞大的蛇颈龙，游速缓慢，但感觉灵敏。

　　班顿相信，因为某种原因，少数远古生物存活下来，就像今天与我们共生的许多活化石生物一样。

　　2亿年来，英国南海岸的来姆利吉峭壁上一直隐藏着不为人知的史前世界。1814年的一天，年仅12岁的玛丽在海边寻找可变卖的贝壳化石。她和家中的妈妈相依为命。虽然没有受过正规的训练，她却能辨识岩壁上的骸骨。偶然中，她发现了世界上首座完整的鱼龙骸骨！玛丽的发现使她一夜成名，成

最不可思议的史前巨兽
ZUIBUKESIYIDESHIQIANJUSHOU

◆ 巨大乌贼

◆ 海龟

◆ 蛇颈龙

◆ 企鹅游泳

◆ 鱼龙公园

为化石研究创始人之一。

鱼龙即是鱼形蜥蜴，嘴部圆长、牙尖、双眼硕大，身形很适合在水里高速行进，很像今日的海豚，它们在世界几大洋徜徉了1.5亿年。英国古生物学家班顿说："它们是流线型的游泳健将。"

鱼龙公园有一个鱼龙集体"坟墓"，又名为"方舟"的建筑保护者，9～10条鱼龙化石紧贴在一起，就像巨无霸鲨鱼塞在罐头中。这群鱼龙为何丧命？又为何挤在一起？直到今天依然是个谜。有一个假设是它们像鲸鱼一样搁浅，它们太靠近岸边，最后搁浅而亡。但是，珍妮说："此处并没有海岸沉积岩，估计这里

的水深至少30米，并且远离大陆架边缘。所以这种假设是不成立的。"

最新的观点是，这里是鱼龙的孕育所，如同现代生物一般，它们偶尔会大量聚集来繁衍后代。珍妮说："化石分析证明，鱼龙分娩时会像海豚一样，幼仔尾部先出世，防止幼儿溺死。"英国伦敦自然博物馆有一座特殊化石，保存了分娩中的鱼龙，分娩的紧张压力造成母子双

◆ 鲨鱼

◆ 蛇颈龙化石

◆ 蜥蜴

Z 最不可思议的史前巨兽
ZUIBUKESIYIDESHIQIANJUSHOU

亡，一同葬身海底，化石得以保存了下来。

珍妮说："这个传说中的巨鱼假设是鱼龙，那么4000年前，鱼龙仍然存在。灾变的原因很可能是巨大陨石撞击湖泊，使鱼龙的身躯四分五裂。"

在19世纪画家的笔下，鱼龙在充满奇特生物的大海中随意地吞食猎物，血盆大口加上尖牙利齿，鱼龙仿佛是地狱来的掠食者。在水中捕食，因为水浮力的影响，难度很大。鱼龙这样的庞然大物，又是如

何捕食的呢？科学家解释说，鱼龙急速地张开大嘴，造成真空，吸入猎物。遇到大型猎物时，就像今日的大鲨鱼一样，牙齿嵌入猎物身体内，身体像螺丝锥一样打转。

鱼龙颅骨被发现后，拿破仑为此发动了玛斯垂克之战。它的价值在于把地球历史向前推进了几亿年。200年前，荷兰的采矿工人发现了大型的动物颅骨，曾引起轩然大波。这就是鱼龙的头骨化石。

在美国北达科塔的仓房中，古生物学家崔波从100多年前的历史博物馆的地下室中抢救出大批鱼龙骸骨，成功地拼组出鱼龙整体骨架。这是一副世界上最大的鱼龙骨骸，长达14米。崔波说："从鼻尖到颚底有1.9米，我塞它们的牙缝都不够。"

1934年夏日傍晚，英国司机克鲁尚正行驶于尼斯湖北岸的危险地段，当车开过山峰时，车灯照到一只巨兽，正从前方走过。他声称，目睹高约1.4米，8米长

的驼峰巨兽，腹部拖地而走，头颅与身
躯相连，颈部十分窄短。

　　这是一则荒诞的故事，还是
克鲁尚确实看到了巨兽？

　　鱼龙是科莫多龙的始祖，
据说鱼龙会登陆产卵，就像海龟
一样，鳍状脚无法支撑全身站立。虽然
鱼龙威武有力，但幼龙却可能小而无助，所　　以鱼龙可能会到隐
蔽的海岸产卵。假设鱼龙要跑到岸上产卵的话，它可能就是司机克鲁
尚在1934年目击的"怪兽"。

　　蛇颈龙骸骨的首次发现，使玛丽名声大噪。

　　1927年12月某个严寒的清晨，25岁的英国女子玛丽一如往常地走
在风雨初歇的海岸上，她无视崖壁的危险，手拿锤子敲敲打打。这次

她有了第二次重大发现：完整的蛇颈龙骨骸。她为此声名大噪。泰洛说："我认为她的成就超过了儿时的发现，这是科学界首度发现的蛇颈龙化石，当时轰动了伦敦。"

蛇颈龙的绘图被送到当时人才荟萃的巴黎，法国专家却称是伪造的。最后证实：劳工阶层的女孩战胜了一流的科学家。玛丽为此赢得了不朽的信誉，因为她证实了古爬行生物的存在。

蛇颈龙是奇妙的长颈水栖爬行类动物。玛丽目前是南达科塔麦斯学院的首席古生物学家，钻研古生物的行进方法，他相信："蛇颈龙前肢如船桨形很窄很长，前肢适于水中滑行。就像企鹅一

样，它们的速度比企鹅慢得多，就像是深藏不露的伏击手，而不像是敏捷的掠食者。"

蛇颈龙的另一特别之处，是它要吞食大量的石头。马丁说，通过研究化石发现，蛇颈龙胃里有超过250颗拳头大的光滑的石头。石头有许多种功能，一是当作配重，使游动时能保持笔直，二是有助于磨碎食物。它的长颈也很奇特，头的一举一动，都会使身体偏离方向；但它也有优点，头部可以看到远处小型的猎物而不会被猎物发现，因此，没有鱼类可以逃过它出其不意的突袭。

蛇颈龙没有嗅觉，但像鲨鱼那样能察觉水中极少量的血气。鼻孔下方有一个器官能够锁定目标，能准确地感应到猎物的位置，同时还能感测到被追踪目标的运动速度。颅内的其他两个器官能帮助它直线行进。蛇颈龙很适合原始的海洋环境。

传说中最骇人的生物，它们真的繁衍了1亿多年生存至今吗？这还有待科学的论证。

游走在冰川期的怪兽之谜 >>>>

兽影重现

在地球的历史上，曾出现过3次大规模的冰川时期，即震旦纪大冰期、晚古生代大冰期、第四纪大冰期。

震旦纪大冰期发生于8.5亿年前～5.7亿年前的震旦纪，冰川最盛时覆盖了亚洲、非洲、美洲、大洋洲的许多地区。晚古生代大冰期发生于3.5亿年前～2.5亿年前的二叠纪，南

半球的广大地区，包括大洋洲的大部、南美洲、非洲都被冰川所覆盖。第四纪大冰期发生在最近的300万年间。冰川最盛时，地球上32%的陆地面积被冰川覆盖。

在第四冰期结束时，人类到达了辽阔的北美草原，此后不久，生活在这里的大地树懒等动物突然灭绝了。

大地树懒又称巨型树

◆ 树懒

懒，是一种习惯在陆地生活的树懒科动物，一般栖息在美洲中南部的热带地区，身躯高大，行动缓慢，能直立行走。由于大地树懒离开人类已经300万年，故有关它的详细记录非常有趣。

现在南美和澳洲生活的三趾树懒与大地树懒有些不同之处。三趾树懒与犰狳和食蚁兽一样，同属贫齿目，身高60~70厘米，小脑袋，小耳朵，短尾巴像是有些退化，不能直立行走。三趾树懒依靠在树干上，或者倒挂在树上，绝少下到地面上来。

虽然大地树懒已离开人类300万年，但许多生物学家和考古工作者都没有放弃对大地树懒的研究，甚至在冥冥中期待着与大地树懒在文明时代的相逢。事实上，自19世纪以来，世界各地都有对大地树懒的各种传说的猜测。

1882年夏，美国内华达州卡森城州监狱的囚犯在采石场干活时，发现一层砂岩上有动物的化石脚印，其中除已经绝迹的长毛象的脚印外还发现了类似人的脚印。这"人"的脚印分6个交替从右至左的序列，足迹前后相距在80～90厘米范围，每个长46～50厘米，左右跨度60～70厘米。地质学家约瑟夫·李康特试图将这些"人"的脚印解释为绝迹的大地树懒在中新世留下的。但后来根据相关化石的研究发现，大地树懒为了能用两脚直立行走，必须用尾巴来平衡，但这里没有尾巴的压痕，而且大地树懒的脚印应有脚趾隆起，以及明显的爪子痕迹，但这些脚印却都没有。因此，科学界不得不否定了约瑟夫的

◆ 二叠纪

猜想。

　　1831年，达尔文随英国"贝格尔"号军舰到南美洲进行了一次不寻常的环海考察。他先是在阿根廷的彭塔阿尔塔，挖掘出一大批科学上未知的久已绝迹的古生物化石，包括大地树懒、犰狳、一只样子像河马的箭齿兽、一头早已灭绝的南美象和其他一些动物。达尔文把阿根廷的这些平原叫做"灭绝已久的四足动物的巨大坟墓"。他坚信，貘、树懒、犰狳这些生活在南美洲

◆ 河马

的现代动物，都源于同一种古代巨兽。达尔文开始苦思冥想这些物种之间的关系，后来发表了重新组合的陆上大地树懒骨骼草图，为科学家研究冰期生物的生活和消失提供了可供借鉴的资料。

据说20世纪初，有人曾在南美的热带雨林发现了一种巨大的未知怪兽，这是一种比南美犰狳和未知的猿类物种还要庞大和危险的动物。当地林区的人称之为mapinguary，据说这种东西一直在马托哥罗索一带游走。

贝伦的哥尔迪自然博物馆的戴维·奥伦用了20多年的时间在追寻一种怪兽，收集到一些有价值的资料。虽然早期的神秘动物学家们尝试性地给这种动物取了一种未知猿的名字，可是，奥伦相信，那有可能是一种仍然存活着的大地树懒，跟史前的磨齿兽相似。但是，一般

◆ 食蚁兽

认为树懒是一种动作很慢、无法保护自己的食草动物，而奥伦收集到的叙述表明，mapinguary有出乎意料的摧残性的防御能力：它的腹部有一种可以放射味道的腺体，释放出来的气体非常难闻。足以使天敌闻风而逃。可是，经过漫长的等待，奥伦并没有找到这种动物。

困扰达尔文的千古难题——大地树懒骨架

当"贝格尔"号驶入太平洋时，达尔文已经放弃了他回家当牧师的计划，而决心做一名博物学家。因为在沿南美洲的西岸北上的航行中，他耳闻目睹了越来越多的有关自然力量的种种表现，也明白了自然的力量能发挥什么作用。他亲眼看到了一座

◆ 犰狳

火山在瞬间吞噬了四周的物种，也看到了一场地震毁掉了一座小镇。1835年9月15日，达尔文在加拉帕戈斯群岛登陆。这是一座以动物命名的群岛，意为"巨龟"。达尔文对这个无人居住的群岛的最初反应是沮丧的。可"贝格尔"号围绕着群岛航行了一个月，在一个又一个岛屿上作了停留。达尔文对自己所见到的一切日益入迷，群岛孕育着许多神秘的事物使他感到做一个博物学家的乐趣和迷惘。

大地树懒的神秘消失也使达尔文感到迷惑不解。尽管大地树懒在冰期末期的灭绝几乎是一个不争的事实，但如何解释它的消失却是个难题。许多科学家怀疑是人类的到来使这些动物陷入绝境，因为像树懒这种行动缓慢、反应迟钝的动物面对超级肉食者人类来说，很少有幸存的可能。

但是包括达尔文在内的许多科学家认为，事情可能不会那么简单，在辽阔的美洲草原，人和自然的力量相比显得那么微不足道，在19世纪，有关大洪水的解释普遍流传。根据《圣经》所述，由上帝降赐的这场洪水是为了惩罚邪恶的世界。在洪水中，世界上大部分生灵

◆ 水老鼠

都在诺亚方舟中得到拯救，而大地树懒和其他一些动物

◆ 箭齿兽

就没有那么幸运了。它们被洪水吞噬，这些物种也就灭绝了。

达尔文像其他基督徒一样通晓《圣经》，但有关洪水的说

◆ 泥盆纪

法，使他感到不安，传统上的牧师所讲授的世界历史只能追溯至几千年前。但是被后来的科学家们所证实的几百万年的世界历史似乎更接近事实。在达尔文他们看来，发怒的上帝降赐的洪水并不是突发的，

◆ 树懒

◆ 貘

而是缓慢形成的。洪水遗留下了火山、河流和海洋，生存条件的改变，导致了巨兽的灭绝，但为什么不是全部死亡呢？较小的同类，以及三趾树懒、犰狳和水老鼠又是如何适应这种环境的呢？

具体地说，比如生活在澳洲树上的三趾树懒，排泄时必须爬到地上来，但是由于它行动缓慢，地面上的捕食者很容易伺机将其捕捉。按照物竞天择的说法，这种动物应该很容易被淘汰。但是这些动物早已生存很久了，而且许多动植物在生理结构上百万年间都没有重大改变。

现在科学研究表明，世界上的某种因素可能限制了每个物种和种群。这也是达尔文的思想。但达尔文也不能肯定这种生物种群的控制是如何奏效的，但他确信它发生过。他认为有时这种控制过于严格，过于有效，而使某一种类的动物数目开始下降了，变得越来越稀少，直至灭绝。稀有动物可能更容易遭遇灭顶之灾，古代的怪兽比如大地树懒就发生了类似的情况。

就像解释恐龙灭绝一样，大地树懒的消失也传递了许多不可思议的神秘信息。

三、恐怖的害兽之谜

❀ 吸血蝙蝠之谜 ▶▶▶▶

◆ 蝙蝠

　　吸血蝙蝠是蝙蝠的一种。蝙蝠由于其貌不扬和夜行的习性，总是使人感到害怕。外文中它的名字的原意是轻佻的老鼠，不过在中国，由于"蝠"字与"福"同音，所以在民间还能得到人们的喜爱，将它的形象画在年画上，说是可以给人们带来好运。

　　世界上有许多关于吸血鬼的传说，在美洲有一些以吸血为生的蝙蝠使这个传说成为事实。当地曾流传着一种迷信的说法，认为它们都是无恶不作的巫婆，在夜里脱了皮，变成一个火球，躲在僻静的角落里，一有机会就飞到人和动物身上来吸血，真可谓是残忍的"吸血鬼"！

　　吸血蝙蝠在分类学上隶属于吸血蝠科、吸血蝠属，共有3种，即普通吸血蝙蝠、白翼吸血蝙蝠、毛腿吸血蝙蝠，均分布于美洲热

带和亚热带地区。吸血
蝙蝠的身体都不大，最
大的体长也不超过9厘
米，没有外露的尾巴，
毛色主要呈暗棕色。它
们的相貌看起来非常丑
恶，鼻部有一片顶端呈
"U"字形沟的肉垫，
耳朵尖为三角形，唇部

很短，形如圆锥，犬齿长而尖锐，上门齿很发达，略带三角形，锋利
如刀，可以刺穿其他动物的突出部位而饱食。由于吸食流质的血，食
道短而细，并且有狭长的胃。它们的前后肢和指尖都有宽大的翼膜相
连，形成一个强有力的翅膀，以利飞行，后肢之间生有蹼。吸血蝙蝠

的眼睛比其他蝙蝠的眼睛更大，但是在漆黑的山洞里却没有什么作用。它们的嗅觉和听觉很灵敏，跟其他蝙蝠一样具有"回声探测器"。它们发出的高频声波，超出人类的听觉能力。只有当这些声音被放慢到原速的1/8时，人类才能听到。像其他蝙蝠一样，吸血蝙蝠有尖钩般的利爪，可以紧紧攀附着岩石的裂缝，或粗糙的边际。虽然大多数蝙蝠在地上都无能为力，但是吸血蝙蝠有细长的腿和前臂，这使它们能够毫不费力地在地上移动。睡觉的时候，吸血蝙蝠则通常用一条腿吊着。

吸血蝙蝠是群居动物，成群地居住在山谷洞穴的顶壁，似乎在分享着相互陪伴的欢乐，过着引人注目的群居生活。吸血蝙蝠栖息在几乎完全黑暗的地方，在它们的藏身地，由于淤积的消化液，而散发出

一股浓烈的阿摩尼亚气味。它们白天潜伏在洞中，等到午夜前飞出山洞，常距地面1米左右低空飞行搜寻食物。对一般人来说，吸血蝙蝠是令人厌恶的，甚至是肮脏的。但实际上它们是比较干净、整洁的动物，大部

分时间都用来认真地梳理打扮，经常用利爪把身体上纤细柔软的毛梳理整齐。因此，据说16世纪的印加帝国皇帝还拥有一件用吸血蝙蝠的皮制成的大氅。当排泄的时候，吸血蝙蝠会小心翼翼地把身子离开洞壁，以免弄脏自己。这些粪便堆积在各群吸血蝙蝠的下面，成为其他一些生物的乐园。

吸血蝙蝠是一种营养方式很特殊的小型蝙蝠，不吃昆虫或果实，

而专爱吸哺乳动物和鸟类的血。通常的食物是家畜的新鲜血液，有时也吸人血。它们总是小心谨慎地飞到袭击对象跟前，在上空盘旋观察寻找下手机会。它们往往寻找熟睡的受害者，直接飞落在它的身上，而更多的是飞落在它的身旁，然后再悄悄地爬过去，爬上受害者的身上，这样不容易被发觉。它们选择动物的裸区或毛、羽稀疏部位，如

肛门、外阴周围、鸡冠和垂肉等裸露部分，耳朵和颈部以及脚也常被光顾。当选中合适的地方后，便迅速地用尖锐的利齿轻轻地将皮肤割破一道浅浅的小口，然后缩回来，试探一下对方是否已经熟睡。由于受害者不感到疼痛，通常不会被

惊醒，仍然保持安静状态。吸血蝙蝠在吸血时一般每秒钟吸5次，对于不同的对象会选择不同的吸血部位，例如对于牛和马，专咬背部和体侧；遇到猪，专咬腹部；如果是鸟类，则咬腿部。有人曾目击一只吸血蝙蝠用翼钩攀住一只雄鸡的腿，自己的后腿则站在地上，雄鸡走时它也跟着走，边走边吸雄鸡的血。由于当地的农场主通常在夜晚把家畜拴起来，以免走失，结果这样的家畜特别容易受到吸血蝙蝠的进攻。

在下嘴之前，吸血蝙蝠常常在它选择的位置待上几分钟，又闻又舔，再用长长的牙齿先把选择好的对象身上的毛咬掉。吸血蝙蝠从不

深咬，或与受害者争斗。它们的唾液中含有一种奇特的化学物质，能够防止血液凝固，使其能顺利地吃个饱。由于被咬后血液不会凝固，有时血从伤口流出可长达8小时，动物如果被咬上很多次，也会因为失血过多而受到伤害。吸血蝙蝠的舌下和舌的两侧有沟，血流沿沟通过。舌可以伸出和慢慢地缩回，从而形成口腔中部分真空，有助于血流入口中。吸血蝙蝠非常贪婪，吸血总是不厌其多，每次把

肚子撑足，大约可吸血50克，相当于体重的一半，有时甚至吸血多达200克，相当于体重的一倍，却照样能起飞，真是地地道道的"吸血鬼"。每次吸血的时间为10多分钟，最长达40分钟。吸血蝙蝠在一个夜里，能吸几种对象的血，或者往返几次去吸同一对象的血。饱餐后，吸血蝙蝠便回到了自己的栖息地。事实上，任何静止的温血动物都可能受到袭击，但是吸血蝙蝠很少去咬狗，因为狗能听到较高频率的声音，能觉察到吸血蝙蝠的靠近。有时吸血蝙蝠也咬熟睡的人，伤口虽然不大，出血量却可能很多，被咬后大片血污令人吃惊，但是，真正的危险是疾病的传染，例如它在吸取动物血液时，能够传

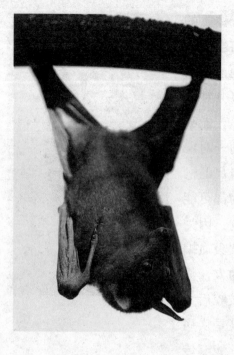

播马的锥虫病；在咬伤人和家畜时，最易传染狂犬病。

吸血蝙蝠的生理系统非常特殊，除了嗜血以外，已经再也不能吃别的东西了。吸血蝙蝠的寿命较长，平均寿命为12年，一生所吸的血竟有100升之多。寿命最长的一只雌性吸血蝙蝠曾在笼中生活了19年半才死亡。

吸血蝙蝠在求偶的时候几乎没有什么仪式。在交配过程中，雄兽常常十分放肆地对待雌兽。交配以后，许多雄兽就不再在家庭生活中

起任何作用了。经过漫长的妊娠期，幼仔出世了。刚出生的幼仔几乎没有毛，它们用钩子一样的乳牙叼住乳头，紧紧地依附在雌兽的身上，在变换乳头时必须用脚紧紧地抓住母亲的身体。在寻找食物的时候，雌兽把幼仔留在家中，由其他的雌兽来照料它们，这时幼仔们甚至还可以到其他哺乳的雌兽那里去吃奶。尽管幼仔的哺乳期长达9个月，但是当它长到四五个月时就可以飞行得很好了，并且可以陪着自己的母亲外出觅食。通常雌兽可以和它的幼仔们共享一个进食地点，但与其他吸血蝙蝠在一起时就要争夺最好的下嘴地点了。吸血蝙蝠的雌兽和幼仔之间的亲情关系，与它们那种令人憎恶的外表以及令人毛骨悚然的生活习性形成了鲜明的对照。

杀人蟹之谜 ▶▶▶

　　在日本大阪海域里出现了一种恐怖的怪兽:杀人蟹。

　　日本青年井太郎和真惠子是一对恋人,一天,他们在大阪美景如画的海面上划船游玩,突然,海鸥发出了一声声尖叫,惊恐地向高空飞去,在船两边

◆ 杀人蟹

嬉戏的沙丁鱼也惊慌地四下逃散。这可是危险即将来临的信号,他们却全然不知,继续陶醉于轻舟荡漾之中。灾难一步步向他们逼近,在不远处的海面上,有一对潜望镜式的眼睛,像幽灵一样窥视着这条小船,当它发现这条小船上的确有猎物时,便悄悄地从水下潜游过来,迅速逼近了小船,刹那间,一只巨大的怪物从井太郎背后的船舷边"嗖"地一下伸出一双巨爪,牢牢地钳住船舷,然后又伸出钢钳般的大螯,以

◆ 蜘蛛蟹

Z 最不可思议的史前巨兽
ZUIBUKESIYIDESHIQIANJUSHOU

迅雷不及掩耳之势袭向井太郎。真惠子正巧抬头，看见井太郎后面有一个大怪物，吓得大叫起来"海怪来了"，还没等井太郎反应过来，怪物的大螯已牢牢夹紧了他的双臂，另一只尖锐的爪子也深深地扎进他的体内。原来，这是一种特大海蟹，体长10多米，呈尖棱形，它有八条腿和一对强大有力的蟹螯，蟹爪伸展开时，其长度可达3米以上。这种大蟹不但身躯巨大，而且动作灵敏，性情凶恶。无论在水中还是沙滩上，它都能向人类发

起攻击，被渔民们称之为"杀人蟹"。小木船在剧烈地摇晃，然后向一边倾斜，井太郎被"杀人蟹"拖下水，惊恐万分的真惠子大喊"救命——"，附近的游客闻声过来相救。他们透过幽蓝的海水看到令人心悸的一幕：巨大的杀人蟹用钢钳般的爪子缠住井太郎，不停地猛戳井太郎的头部和颈部。

井太郎全身是血，除了脚还在乱蹬之外，他已经丧失了反抗能力。而在数米深的水下，许多只杀人蟹正在向这里快速游来，准备分享这顿丰盛的人肉餐。游客们束手无策，谁也不敢跳下去救井太郎，就急忙划船强行拉真惠子离开这危险之地。当他们回头张望时，这一片海水都成血水了。

几个月后，横滨沿海的一个海滩上又发生了更为惨不忍睹的血案，这次杀人蟹袭击的是一个年仅8岁的女孩儿。那天，山木夫妇从广岛带女儿芳子来横滨避暑。中午，芳子趁父母不备，悄悄溜到海滩。这时已开始退潮，芳子万万没料到死神就在她最愉快的时候降临了。浅水滩上有一对正在交配的杀人蟹，由于芳子打扰了它们的好事，被激怒了的雄蟹，突然举起令人生畏的大螯凶狠地扑向芳子，芳子大叫着转身就跑。但为时已晚，才跑出十多

◆ 大马哈鱼

步，就被杀人蟹追上。雄蟹的大螯凶残地钳住了芳子细嫩的小腿，芳子发出阵阵的惨叫声。

刚刚靠岸的渔民闻声赶来。只见杀人蟹拖住一个小女孩，正使劲往海里拖，他们虽然拿着铁钩、木棒却不敢下手，怕伤及小女孩，只得依仗着

人多势众，赤手空拳地与杀人蟹展开肉搏。他们有的抓住巨蟹，有的去抢夹在蟹爪里的小女孩。杀人蟹面对众人的进攻，反抗愈发强悍凶猛，它仗着八条利爪和两只大蟹螯，不仅拖住小女孩不放，还向接近它的渔民发起猛攻。好几位渔民被蟹爪扎得到处是伤。渔民们齐心协力，硬是从蟹爪下抢出这位可怜的小女孩，但此时芳子已经皮开肉绽，血流如注。人们一摸，才发现她早已气绝多时。

杀人蟹不仅在海滩上攻击人，而且还向小船上的渔民进行偷袭。1993年因受厄尔尼诺海洋气候的影响，千岛群岛附近洋面浅水区的大马哈鱼都往深水区迁移。7月的一天，千岛群岛的渔民井三本出海捕鱼，他和掌舵的伙计在浅水区白忙了一上午，连大马哈鱼的影子都没有见着，于是决定到深水区捕捞。

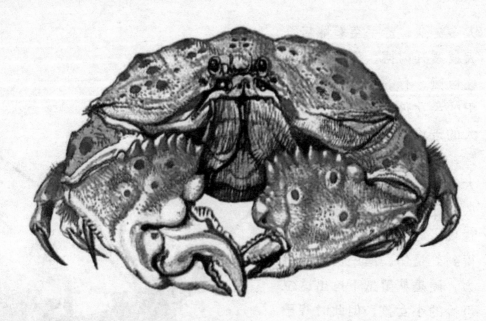

　　船进入海水有点发绿的深水区后，井三本叫伙计放慢航速，他站在舱前，把身体倾出船舷，弯腰向海里投放流网。突然，海水中蹿出一个怪物来，两只巨大的螯钳准确无误地钳住了他的双臂，井三本惊叫着"哎呀"一声，便被拉入水中。掌舵的伙计还不明白到底发生了什么事，一抬头发现井三本不见了，他深感大事不妙，连忙向附近的4艘渔船呼救。4艘小船立即聚拢在一起，渔民们看到海水中一只巨蟹紧紧拖住已丝毫不能动弹的井三本，并慢慢向海底沉去。一个眼尖的渔民发现巨蟹被流网缠了个正着，尽管杀人蟹紧抱着井三本，它却无法脱身。机不可失，这位机智的渔民立即拉起

流网的一端，在其他渔民的帮助下，迅速把流网拖了上来。渔民们用
力剖开流网，想救井三本时，只见杀人蟹仍然死抱着井三本不放，掌
舵的伙计操刀朝杀人蟹砍去，直到坚硬的大蟹螯被砍断，负痛难忍的
杀人蟹松开井三本之后，又剧烈挣扎着，一个翻身扑向海面，极不情

愿地潜往海底。井三本虽然得救了，但却被巨蟹折磨得奄奄一息，这种死去活来的感受令他终生难忘。

人们以前从来没有发现过这么巨大的螃蟹。已知世界上最大的蟹有两种，一是高脚蟹，又名日本大螃蟹。这种蟹产在日本东京湾以南的深海中，两只蟹足伸开有3米多长，最长的达5.84米。而它的头胸骨（即甲壳）只有40厘米宽，体重只有65千克。因此，它并没有多大力气，也没有攻击人的能力。日本渔民对高脚蟹很熟悉，他们说杀人蟹绝不是这种蟹。

另一种是产在大洋洲的巴勒海峡巨蟹，这种蟹重达13.6千克，比较粗壮，但体长不过1米左右，也和杀人蟹形状不同。据日本生物学家们调查分析，杀人蟹似乎是一种蜘蛛蟹。

蜘蛛蟹平常个头并不大，体长不过0.5米，通常生活在3600米以下的深海里。它们怎么突然变得这么庞大凶恶了呢？有人认为它们可能是受到深海中核废料的刺激，体态发生急剧变异，才变得如此巨大。但这也只是猜测而已。在真正捕捉到一只杀人蟹的实体之前，这种叫怕的巨蟹对人们仍然是个谜。

食肉蚁之谜

蚁患是令所有亲身经历过的人毛骨悚然的事情。下面便是100年前发生的真实场景。

在亚马逊河畔的一个农场，有300多个农业工人在那里辛勤地劳作着。一个夏日早晨，场长站在他办公室的窗前，正在欣赏窗外的风景。就在这时，有人敲了几下门，进来的是一位态度和蔼的警察。

"我通知您，根据邻近地区来的消息，有一个长约10公里、宽约5公里的褐色蚁群，正对准你们这个农庄开过来，最迟在3天后就可到达！"

送走警察以后，场长马上把各个耕作队的队长叫来，要他们立即组织工人家属们撤离。同时叫每个工人也做好撤离的准备，要随时能够撤走。

队长们走后，场长烦恼地在办公室里来回踱步。他清楚地记得，40年前，在离这里320公里的故乡也发生过一次

蚁患。在他的心灵里，深深地印下了一幅蚁群过后的图景——家没有了，庄稼没有了，甚至连荒草、树皮也没有了，在地平线之内几乎看不到一点绿色，看不到一只动物，连老鼠也没有，四处是死一般的寂静……比战后的凄凉景象还要可怕得多！

　　下午，场长和各耕作队的队长们拟定了详细的作战方案。首先，妇女和儿童得在今天之内撤到河那边，牲畜也得立即撤走。其次，马上加深加宽环绕居住区并和亚马逊河相连通的各排灌沟，检查所有的

抽水机和各个控制闸，保证都能随时投入使用，并立即在泵房和各控制闸建立24小时的值班制度。最后，为了防备万一，又以办公室为中心，立即建立一条和储油库相连通的，周长400米、深1米、宽2米的耐火材料沟，准备在必要时发动火攻，把蚂蚁挡住。这一切，都得在24小时内完成。

准备就绪，已经整整过去了一天的时间。旷野里充满了蚁群迫近的先兆。大群的鸟儿惊慌地鸣叫着，然后一直向亚马逊河对岸飞去。有些鸟儿因为惊慌，甚至跌进亚马逊河的急流中。兽群也惊慌地乱窜着，凶猛的美洲豹和成群的猴子一起狂跑。在亚马逊河上，各种动物

◆ 南美洲

正在泅渡，鳄鱼和森蚺(美洲大蟒蛇)游在相距不远的河面上。这两个死敌现在却丝毫也没有斗意，只是在急流中用尽全力向对岸游去……

第三天早晨，勘测员发出了警报。人们都涌到居住区的边缘，站在注满了水的排灌沟旁，望着突然出现在森林边缘的挪动着的大片黄褐色。

◆ 长翅膀的白蚁

一只怀了孕的母豹子突然从森林里拼命地跑出来。浑身上下已经盖满了蚂蚁。大概它因为怀孕而无法过河吧，

今天是劫数难逃了！它跑到离排灌沟只有30米的地方倒了下来，在蚂蚁的啃咬下挣扎了几下就不动了。不一会儿，大群的蚂蚁赶到了，那只看来有60千克重的豹子很快就只剩下了一堆白骨。有细心人计算了一下，仅仅用了4分半钟。

1小时以后，蚁群走近了。人们清楚地看到那是一种有半个拇指大的褐蚁，空气中充满了它们移动的沙沙声。当蚁群走到注满了水的排灌沟前，就迅速向两边散开，很快，它们就以沟为界把居住区包围了

起来。排灌沟外是望不到尽头的蚁群，排灌沟内的居住区就成了"褐色海洋"中孤悬的"半岛"。由于居住区的一面是亚马逊河，所以人们虽然面对着使万物死亡的"褐色魔鬼"，但心里仍然是有恃无恐——总会有一条退路。

隔着只有20米宽的排灌沟，人和蚁对峙着。没有人叫喊，也没有蚂蚁移动的沙沙声。这是战前的寂静。但没过很久，蚁群开始进攻了。它们突然一只叠一只，叠

起了近2米高的蚁墙，然后上面的蚁就像要跳过沟似的，居高临下地跳下去。但它们都落在沟中的水里，在水里挣扎着，失去了方向，大批大批地被抽水机抽上来的强力水流冲进亚马逊河。蚁群就一直这样地进攻着，但它们所得到的只是死亡。

到快近中午的时候，蚁群停止了进攻，也不叠蚁墙了。又过了一

会儿，它们竟然全部后退，一直退到来处的那片森林里。

太阳刚刚往西偏了一点儿，蚁群又卷土重来，而且拖来了无数片的树叶。这些蚂蚁竟然懂得把树叶当作"登陆艇"来使用。一些蚂蚁爬上树叶，另一些蚂蚁就把树叶拖下水，让树叶在水中漂着。一时间，无数的树叶向居住区这边漂过来。尽管强大的水流最后都把这些"登陆艇"掀沉，但这些大褐蚁的顽强精神，却使每一个和它们战斗的人不寒而栗！

场长在紧张地指挥着战斗，看到成堆成堆的蚂蚁被水冲走，他感到很惬意。晚上，场长把人们分成三班，在关键地方装了强电池灯，

彻夜提防着。而蚁群在晚上却停止了进攻，场长趁此时间命令停开抽水机，并关上一些排水闸，让排水沟里保持一定的水量。

热带的晚风是很猛烈的，尤其是在亚马逊河边。天快亮时，给抽水机供电的电线竟然被风刮断

了。人们还来不及检查故障，蚁群又开始进攻了！场长命令打开排水闸。最先涌下河沟来的几批蚂蚁随着排水又被冲走了。但由于抽水机断电，水抽不上来，一段排水沟竟然迅速干涸了。蚁群就像决堤的洪水一样，从这段沟涌过来。守卫的人被逼后退。当场长得到消息时，已经是无法补救了！

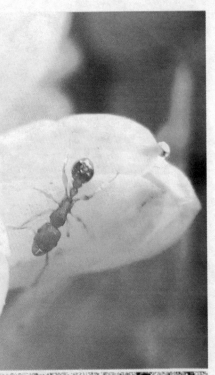

人们迅速退到耐火材料沟后面，马上把汽油灌进沟里并点起火来。蚁群跟着涌过来，但又被大火吓退了。

这时，天已大亮。人们猛然看到，他们是隔着火沟被蚂蚁四面包围

最不可思议的史前巨兽
ZUIBUKESIYIDESHIQIANJUSHOU

起来了。储存的汽油尽管颇为可观，但要这样连续燃烧，按最节约的方法计算，顶多也只够用两天的时间。而天知道蚂蚁要在什么时候才能移向别处呢！想到这里，每一个人都开始认识到必须撤退。但是现在为时已晚，居住区和亚马逊河已经被蚁群所隔断！看着火墙外随时准备冲过来的蚁群，那只仅在4分半钟就被啃成一堆白骨的母豹，又在人们的头脑中清楚地浮现。个别软弱的人开始号啕大哭，而更多的人

则是麻木地看着燃烧着的火焰!

在这紧急的关头,场长想到应当把阻挡着河水的大水闸打开,让亚马逊河的水像决堤似的灌进来。虽然这样做会使拉脱维娜农场变成一片汪洋,但那无情的蚁群也将被无情的大水淹死。300多条生命就能得以保存下来。但控制大水闸的开关却在火墙外300米的地方,现在已置于蚁群的包围之下。谁出去扳动开关,谁就得冒死亡的危险!

这时场长想,为了消灭蚁群,救活大家,他应该冒这个风险!

于是他下令把储藏室里的小木船和橡皮艇都拿出来,并把放水淹地的决定告诉大家。一时间,愿意为集体而牺牲自己的工人纷纷站出来,要求让自己去完成这危险的任务。场长很受感动,但还是决定自己冒险。因为他是场长,牺牲自己挽救大家的责任首先应该落在他的身上。与此同时,他在极力要求承担责任的人们中,挑选了3个身强力壮的小伙子,要他们在必要时挺身而出。随后,他们4个人就迅

速地武装起来，里
面穿上紧身衣裤，
外面再穿上密封服
装，戴上头盔和手
套，穿上几层袜
子，再穿上长筒靴
子，然后把所有的
衣、裤的开口都紧
紧地扎住。

　　一切准备妥当后，人们用土在火焰中压出一个小缺口。场长正要
冲出去，却被两个后备人员抓住了胳臂。跟着，另一个后备人员，跑
得最快的劳斯就迅速冲出了火墙，在"褐色海洋"中飞奔向前。场长

挣扎着，但他的手臂却被紧紧地抓住，两个小伙子深情地对他说："让劳斯去吧，他跑得比你快，也比你灵活。"

人们都紧张地看着劳斯。只见他迅速地奔跑着，只用了2分半钟就跑到了控制大水闸的开关那里。虽然是2分半钟，但蚂蚁已经盖满他全身了。他稍微喘了口气，就开始扳动控制枢纽，直至把闸门全都打开。1小时后，这一带就会变成一处泽国了。劳斯迅速地往回跑，跑了一半距离时，却猛然感觉到有一只蚂蚁不知怎的已经钻过了防护衣，并隔着内衣狠咬。劳斯知道现在对那只蚂蚁是没有办法的了，只有迅速跑回人群里才能消灭它。还剩下30米了，但蚂蚁却咬穿了几层内衣，并狠狠地往他背上咬了一口。痛彻心扉

的疼痛使劳斯眼一花，几乎摔倒。他用巨大的毅力坚持着，刚一定神，蚂蚁的第二下、第三下啃咬……使他晕倒在地。就在这时，场长和另外两个穿上防护衣的小伙子同时冲出去，把劳斯救了回来。

　　勇敢的劳斯被救醒了。他和伙伴们坐在木船上，看着淹在大水里的千千万万只蚂蚁，感慨地说道："我们终于战胜了它们，虽然代价巨大，但毕竟是胜利了。"

　　这种蚂蚁，就是著名的南美洲食肉蚁。每过一段时间便会繁殖成片，浩浩荡荡，势不可挡。然而，人类终是有办法整治它们的。

杀人蜂之谜 ▶▶▶

非洲蜂凶猛习性的产生

  蜜蜂最早起源于亚洲。然而随着岁月的流逝，一部分蜜蜂迁移到欧洲和非洲。抵达欧洲的蜜蜂找到了温和的气候和充足的蜜源等理想的自然条件，从此在欧洲大陆采花酿蜜，繁衍生息，为当地人民增添了欢乐，养蜂业随之产生了。

  然而，到达非洲的蜜蜂不仅受到了

严酷的气候折磨，而且还时常遭到野生动物和人类的不断偷袭。为了生存，它们同所有的入侵者展开了漫长激烈的搏斗。在保卫自己和蜂巢的过程中，非洲蜂日益变得顽强凶猛。天长日久，它们养成了一种好斗的性格，而且一代超过一代。也许正因为如此，非洲的小蜜蜂才得以活到现在。

非洲蜂的扩张

1956年，巴西圣保罗大学的遗传学教授沃里克·埃斯特克·克尔，从国外带回了35只非洲蜂王，准备做验。他想通过让欧洲蜂和非洲蜂交配，培育出一种具有两种蜂优势的理想蜂种。为了防止非洲蜂飞逃，他采取了各种严密的措施。

然而，生物学家的一位粗心的新助手犯了一个可怕的大错误：他敞开了喂养非洲蜂的巢箱盖，26只蜂王飞逃。不久，凶恶成性的非洲蜂开始在巴西以惊人的速度繁殖起来。

进入20世纪60年代后，成群的非洲蜂每年以500公里的速度飞向南美其他地区。对此，一些国家十分恐惧，各自建立了观察研究中心，全力以赴监视非洲蜂的活动。各国生物学家潜心研究非洲蜂的生活习性，以期找出控制蜂群蔓延的方法。然而，他们至今仍然一筹莫展。非洲蜂越来越多，日益猖獗。现在，大批蜂群已经到达法属圭亚那，进入委内瑞拉、秘鲁和阿根廷的部分地区。

无穷的危害

非洲蜂给人类带来的灾难，实在骇人听闻。目前，南美已有几百人被蜇伤中毒死去，数以千计的家禽和牲畜遭难而亡。蜂群所到之处，所有生灵全部消失无

◆ 阿根廷风光

一生存。非洲蜂已成了可怕的"杀生蜂"。

　　1984年的一天，委内瑞拉米兰达州的图伊·德尔·奥古马莱机场的候机室突然骚乱起来。只见黑压压的数千只蜜蜂向候机的旅客们俯冲过去。霎时，非洲蜂的嗡嗡声、人们的哭喊声和桌椅的碰撞声响成一片。谁也不知道为什么"杀生蜂"发怒竟然向人发起进攻。结果，有1人死亡，36人受伤。

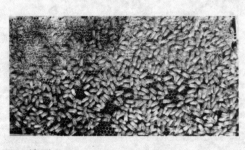

◆ 蜂群

　　同年，在委内瑞拉一个叫萨尔多的村镇，村民们先是听到从远处传来一阵嗡嗡声，渐渐地声音越来越大。大家纷纷跑出来眺望，只见无数只非洲蜂遮天蔽日，如同一块巨大的乌云迅速飘来。人们惊恐万状，立刻四散奔逃。顷刻间，蜂群降临。几秒钟内，100只鸡死亡，无数的家畜受伤，奔逃者的手脸红肿不堪，痛痒难忍。

　　幸好，这群蜂的突袭发生在黄昏，从而挽救了许多村民的生命。当时，藏在屋里的人们为躲避蜜蜂的攻击，都熄了灯，紧蒙头脚瞪着眼过夜。灾难过后，村民们想打死离群的非洲蜂。可是，所剩的蜂群仍然不计其数，人们还是奈何不了它们。大部分村民认为，非洲蜂以后可能还会光临，用普通的方法无法消灭它们。于是，他们纷纷舍弃家园，远走他乡。

云游四方的非洲蜂

　　非洲的各种恶劣气候，迫使凶猛的非洲蜂尽量提高产蜜的能力。此外，为了保障生存，非洲蜂学会了贮藏大量蜂蜜的技巧。

　　非洲蜂有着极强的繁殖能力。春夏之季，工蜂开始造蜂巢。完工后，蜂群中的一部分工蜂与蜂王飞出另造新巢，把原来的巢让给即将出房的新蜂王和留下的另一部分工蜂。在此期间，非洲蜂的活动不仅受各种气候的

影响，而且还面临着其他动物的袭击和食物不足的威胁。因此，非洲蜂的分群极为频繁，一群蜂在一年时间内，竟能建造100个"小殖民地"。如无控制而任其发展，非洲蜂将会以惊人的速度遍及整个美洲。

非洲蜂喜爱游荡，它们为寻找新的蜜源，并非长期栖息在一个地方，而总是云游四方。

◆ 爬满人身的杀人蜂

非洲蜂的超强攻击力

经过测试，非洲蜂嗅到异味后，23秒钟便可以做出反应，而欧洲蜂则需43秒。因此，人们面对非洲蜂的攻击往往在劫难逃。

除此之外，非洲蜂的攻击力强，伤害性大。它们遇到入侵者时，一般都是大批出动，穷追狠叮，常常把对方驱逐到200米以外方才罢休。整个攻击的时间可长达1.5小时，受害者往往多处被蜇伤。相比之下，欧洲蜂的攻击就比较弱。它们一般只把敌人赶到30米外便凯旋，全部攻击时间不到3分钟。

科学家们想要利用欧洲蜂和非洲蜂杂交，使得非洲蜂变得不似以往那样凶猛。但是实验证明：非洲蜂同欧洲蜂杂交的后代同非洲蜂一样凶猛。所以，用此法矫正非洲蜂那种极其强烈的好斗性的设想，已经彻底破灭。尽管许多生物学家为此而忧心

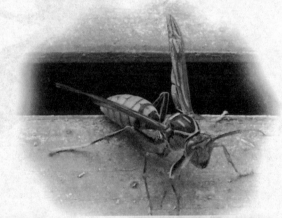

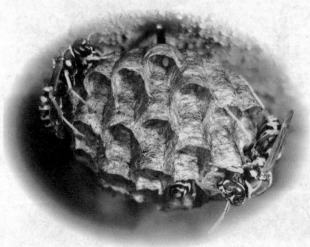

忡忡，但他们还是在小心翼翼地监视着非洲蜂的活动，跟踪它们的去向和研究它们的飞行速度及活动范围，以便寻觅出对付这些顽敌的办法。

"雷兽"之谜 ▶▶▶

在云南的高黎贡山，沿中缅边境由北向南延伸，有个叫青河村的小村子，平均海拔在4000米以上。全村大约有400人。

村里住着一名姓伍的村民。1965年3月的一天，他辛辛苦苦养大的3头肥猪一夜之间不见了。他逢人便说，他那3头肥猪一定是被"雷兽"给叼走了。

"雷兽"到底是一种什么动物呢？据村民们描述，它全身发着金光，好像是把金片贴上去似的；样子像马，不过四肢要比马短了很多；额头上有一只独角，叫起来就跟猫头鹰一样；嘴角上还长了两颗獠牙。

姓伍的村民有个儿子，名叫伍宗诚，在村里

◆ 雷兽

负责保安工作。他安慰父亲说："爹，您别着急，我已经派人进行调查，同时关闭了村里对外的联络道路，猪一定会找回来的。"

到了晚上，为了保证村里的安全，伍宗诚带着几个人在村里巡逻。青河村虽然只有400多人，但住得很分散，巡逻一圈也得大半夜。这天晚上乌云密布，连一颗星星也见不到，他们走在伸手不见五指的小道上，心里直发毛。

他们巡逻了大半个村子，已经是后半夜了，大家都有些精疲力竭。这时，突然黑暗里金光一闪，把他们吓了一大跳，那个金光闪闪的东西径直朝他们冲了过来。人们不知道那是个什么东西，但从奔跑的声音来判断，类似于牛或马之类的猛兽。伍宗诚大喊一声"快躲开！"话音刚落，那个怪物已冲到眼前，有个来不及躲开的小伙子，一下子被撞倒了。肚子被怪物的獠牙给豁开了，肠子流了一地。

那个"雷兽"一看捕到了猎物，低下头来准备美餐一顿时，伍宗诚和他另外三个伙伴不约而同地开了枪，怪物身中数弹，号叫一声，倒在了地上。人们赶紧把受伤的伙伴送到医院，但已经晚了。

天亮以后，人们都来看这个怪物，大家不约而同地说："这就是'雷兽'。"事后，伍宗诚把"雷兽"的皮剥了下来，卖给了皮货商，把所得的钱送给了死去的那位伙伴的妻子。

这个故事在当地引起了轰动，有人猜测，所谓"雷兽"，可能是一种毛色变异的野猪或者犀牛。可"雷兽"究竟是什么，仍然需要等待研究证实。